Mithun Roy
Pratik Halder
Sukanta Kundu

Gerar uma legenda a partir de uma imagem

Mithun Roy
Pratik Halder
Sukanta Kundu

Gerar uma legenda a partir de uma imagem

A criação de legendas a partir de imagens consiste em captar os elementos-chave ou o estado de espírito transmitido pelo objeto visual.

ScienciaScripts

Cover image: www.ingimage.com

This book is a translation from the original published under ISBN 978-3-659-27791-7.

Publisher:
Sciencia Scripts
is a trademark of
Dodo Books Indian Ocean Ltd. and OmniScriptum S.R.L publishing group

120 High Road, East Finchley, London, N2 9ED, United Kingdom
Str. Armeneasca 28/1, office 1, Chisinau MD-2012, Republic of Moldova, Europe
Printed at: see last page
ISBN: 978-620-7-47559-9

GERAR UMA LEGENDA A PARTIR DE UMA IMAGEM
SR. MITHUN ROY SR. PRATIK HALDER SR. SUKANTA KUNDU

ÍNDICE DE CONTEÚDOS

PREFÁCIO

O advento da inteligência artificial (IA) e da aprendizagem automática (ML) conduziu a avanços notáveis na forma como as máquinas percepcionam e compreendem o mundo. Entre estes avanços, a capacidade de gerar descrições em linguagem natural a partir de conteúdos visuais surgiu como um dos desafios mais interessantes na intersecção da visão computacional e do processamento de linguagem natural. A ideia de ensinar as máquinas não só a "ver", mas também a "descrever" o que vêem, preenche a lacuna entre a perceção visual e a compreensão da linguagem, aproximando-nos de sistemas verdadeiramente inteligentes.

*Este livro, intitulado "**Gerar legendas a partir de uma imagem**", explora o desenvolvimento de um sistema automatizado de legendagem de imagens com recurso a Redes Neuronais Convolucionais (CNN). O objetivo deste trabalho é fornecer um guia completo sobre como construir, treinar e otimizar modelos que possam analisar imagens e produzir legendas precisas e com significado. Ao capturar as caraterísticas espaciais e contextuais das imagens, as CNNs formam a espinha dorsal deste projeto, e o livro explora a forma como estas redes podem ser integradas com modelos de geração de sequências, tais como **LSTM (Long Short-Term Memory)**, para gerar descrições em linguagem natural.*

A viagem por detrás deste livro baseia-se na curiosidade de criar sistemas que imitem as capacidades cognitivas humanas. O seu objetivo é fornecer aos leitores uma compreensão dos processos complexos envolvidos na legendagem de imagens, desde a extração de caraterísticas até à sua conversão em frases linguisticamente coerentes. Através de uma mistura de conceitos teóricos e aplicações práticas, esta obra procura ser simultaneamente informativa e prática para os interessados em visão computacional, processamento de linguagem natural e IA.

Este livro está estruturado de forma a orientar os leitores em todas as fases do projeto - desde os conceitos básicos das CNNs e dos modelos de geração de legendas até à implementação e avaliação detalhadas do sistema. Incluí estudos de caso, resultados de experiências e exemplos de código para oferecer uma compreensão clara dos desafios e soluções encontrados durante o processo de desenvolvimento. Quer seja estudante, investigador ou profissional, espero que este livro sirva como um recurso valioso, ajudando-o a navegar pelas complexidades da legendagem de imagens utilizando CNNs.

Estou extremamente grato pela imensa investigação e desenvolvimento nos domínios da aprendizagem profunda, visão computacional e modelação da linguagem, sem os quais este trabalho não teria sido possível. Espero que este livro contribua para uma maior exploração e inovação no domínio da compreensão de imagens baseada em IA.

Atenciosamente, Mithun Roy 24 de outubro de 2024

RECONHECIMENTO

Escrever este livro, ***"Generating Caption from an Image" (Gerar legendas a partir de uma imagem)****, tem sido uma viagem incrivelmente recompensadora e gostaria de expressar a minha gratidão às muitas pessoas que apoiaram e contribuíram para a sua conclusão.*

Em primeiro lugar, gostaria de agradecer ao meu aluno, ***Sr. Aman Mathur,*** *por nos ter ajudado a testar alguns dos programas escritos neste livro. O esforço não poderia ser concluído com sucesso sem a assistência contínua do pessoal do* ***Siliguri Institute of Technol- ogy****. Os seus conhecimentos sobre visão computacional e processamento de linguagem natural melhoraram muito a qualidade deste trabalho.*

Agradeço sinceramente à minha família e aos meus amigos pelo seu apoio e compreensão inabaláveis durante as inúmeras horas dedicadas à investigação e à redação. O seu encorajamento manteve-me motivado durante os momentos difíceis.

Gostaria também de agradecer à comunidade de investigação em geral, cujo trabalho pioneiro em aprendizagem profunda e inteligência artificial foi a base para este livro. As estruturas de código aberto, as bibliotecas e os conjuntos de dados generosamente disponibilizados pela comunidade foram fundamentais para o desenvolvimento deste projeto.

Por último, estou grato aos meus leitores pelo seu interesse por este tema. Espero que este livro seja um recurso valioso na sua jornada de exploração da legendagem de imagens e da aprendizagem profunda.

RESUMO

O avanço da visão computacional e do processamento de linguagem natural (PNL) conduziu a progressos significativos na legendagem de imagens, cujo objetivo é gerar automaticamente descrições textuais de conteúdos visuais. Esta tarefa combina dois campos desafiantes - compreensão de imagens e geração de linguagem - exigindo modelos para interpretar eficazmente os dados visuais e traduzi-los em descrições coerentes e contextualmente precisas. Neste projeto, exploramos o desenvolvimento de um sistema de **geração de legendas a partir de uma imagem** usando Redes Neuronais Constitucionais (CNN) para a extração de caraterísticas de imagem, emparelhadas com **Redes Neuronais Recorrentes (RNN)**, especificamente unidades **de Memória de Curto Prazo Longo (LSTM)**, para gerar legendas.

O objetivo central do projeto é conceber e implementar um modelo de aprendizagem profunda que possa descrever com precisão o conteúdo das imagens, produzindo captações de linguagem natural. Utilizamos **CNN pré-treinadas**, como a **ResNet-50**, para a extração de caraterísticas das imagens. A CNN codifica a imagem num vetor de caraterísticas de comprimento fixo que representa os aspectos visuais importantes da imagem. Estas caraterísticas são depois transmitidas a uma **RNN baseada em LSTM**, que gera a legenda palavra a palavra. O modelo é treinado no **conjunto de dados MS COCO**, que contém imagens rotuladas com várias legendas geradas por humanos. Este conjunto de dados oferece um conjunto diversificado de cenas, objectos e contextos, o que o torna ideal para treinar modelos de legendagem robustos.

A arquitetura utilizada neste projeto combina os pontos fortes das CNNs na extração de caraterísticas visuais e das RNNs na geração de sequências. Ao utilizar um **pipeline CNN-LSTM**, o sistema pode compreender os padrões espaciais nas imagens e gerar frases com significado. Além disso, a utilização de LSTMs, concebidas para lidar com dependências a longo prazo, garante que as legendas geradas são coerentes e gramaticalmente corretas, uma vez que cada palavra é influenciada pelo contexto anterior. O modelo também incorpora uma **camada softmax** na saída, prevendo a distribuição de probabilidade sobre um vocabulário predefinido para cada palavra na legenda.

O treino do modelo consiste em introduzir imagens e respectivas legendas na rede, onde o modelo aprende a associar caraterísticas da imagem a sequências de palavras. Durante o treino, a função de perda de **entropia cruzada categórica** mede a discrepância entre a legenda prevista e a verdade terrestre. O processo de otimização, alimentado pelo **optimizador Adam**, ajusta os pesos nas redes CNN e LSTM para minimizar esta perda.

Para avaliar o desempenho do gerador de legendas, utilizamos a **pontuação BLEU** (Bilingual Evaluation Understudy), uma métrica amplamente adoptada para avaliar a qualidade do texto gerado por máquinas. A pontuação BLEU compara as legendas previstas com as legendas de referência, medindo a precisão em termos de n-gramas e penalizando frases demasiado genéricas ou incorrectas. Para além da avaliação quantitativa, a análise qualitativa é realizada comparando as legendas geradas com descrições reais de imagens de teste.

Este projeto também explora possíveis melhorias no processo de legendagem através da integração de um **mecanismo de atenção**, que permite que o modelo se concentre em diferentes partes da imagem em cada passo da geração de legendas. Os mecanismos de atenção têm demonstrado melhorar a relevância do texto gerado ao realçar detalhes visuais específicos, conduzindo a descrições mais precisas e contextualmente apropriadas. Embora o modelo funcione eficazmente na maioria dos casos, subsistem desafios como o tratamento de cenas complexas com múltiplos objectos ou a geração de legendas para imagens abstractas. O projeto realça a importância de um conjunto de dados grande e diversificado para a formação e as potenciais limitações das abordagens baseadas na aprendizagem profunda quando se lida com conteúdos visuais complexos.

Em conclusão, o projeto demonstra a viabilidade e a eficácia de um **sistema gerador de legendas** baseado em aprendizagem profunda **que integra redes CNN e LSTM**. O sistema tem aplicações em vários domínios, incluindo tecnologias de assistência para deficientes visuais, criação automatizada de conteúdos para plataformas multimédia e melhoria dos motores de pesquisa de imagens. O trabalho futuro centrar-se-á na melhoria da robustez do modelo, experimentando diferentes arquitecturas, como **transformadores**, e incorporando conjuntos de dados maiores e mais diversificados para melhorar a generalização.

CAPÍTULO 1

INTRODUÇÃO

1.1. Antecedentes e motivação

A intersecção entre a visão computacional e o processamento de linguagem natural (PNL) abriu novas possibilidades para as máquinas compreenderem e descreverem o mundo de formas que outrora se julgavam impossíveis. Um dos desafios mais fascinantes desta intersecção é a **legendagem de imagens**, que envolve a criação de uma frase descritiva e significativa sobre o conteúdo de uma imagem. Esta tarefa requer não só uma compreensão dos objectos e actividades representados na imagem, mas também a capacidade de os articular de forma coerente utilizando linguagem natural. O desenvolvimento de sistemas de legendagem de imagens tem amplas aplicações, incluindo a acessibilidade para os deficientes visuais, a geração automática de conteúdos para plataformas de redes sociais e a melhoria dos motores de pesquisa de imagens.

Como as imagens continuam a ser uma forma dominante de comunicação na era digital atual, a necessidade de sistemas eficientes que possam interpretar e descrever o conteúdo visual torna-se cada vez mais importante. Este projeto responde a esta necessidade explorando uma **abordagem baseada na aprendizagem profunda** para a legendagem de imagens. Especificamente, desenvolvemos um sistema de **geração de legendas a partir de uma imagem** utilizando Redes Neuronais Convolucionais (CNN) para a extração de caraterísticas de imagem e **Redes Neuronais Recorrentes (RNN)**, particularmente redes **de Memória de Curto Prazo Longo (LSTM)**, para a geração de legendas. O objetivo é criar um sistema que possa gerar automaticamente legendas que sejam não só sintaticamente corretas mas também semanticamente precisas, reflectindo o conteúdo da imagem de uma forma significativa.

A aprendizagem profunda, com a sua capacidade de modelar padrões de dados complexos, tem demonstrado um sucesso notável tanto em tarefas baseadas em imagens como em texto. As CNN, que são a espinha dorsal da visão computacional moderna, provaram ser altamente eficazes na extração de representações de caraterísticas hierárquicas de imagens. Por outro lado, as RNNs e, em particular, as LSTMs, são desenhadas para lidar com dados sequenciais, o que as torna ideais para tarefas de geração de linguagem. Ao combinar estas duas arquitecturas, pretendemos construir um modelo treinável de ponta a ponta que possa ligar perfeitamente os domínios visual e textual. A escolha da aprendizagem profunda em detrimento dos métodos tradicionais é motivada pela flexibilidade e escalabilidade que oferece. As abordagens tradicionais de legendagem de imagens baseavam-se frequentemente em sistemas baseados em modelos, que eram limitados na sua capacidade de generalizar para imagens não vistas ou de gerar legendas diversas. Em contrapartida, os modelos de aprendizagem profunda podem ser treinados em grandes conjuntos de dados e são capazes de aprender com os dados, o que lhes permite generalizar para uma vasta gama de imagens e produzir legendas mais naturais e variadas.

1.2. Declaração do problema

A legendagem de imagens é uma tarefa complexa que coloca vários desafios. Em primeiro lugar, o sistema tem de interpretar com precisão a imagem, identificando objectos, actividades e relações entre eles. Em segundo lugar, o sistema tem de ser capaz de gerar frases gramaticalmente corretas que descrevam a imagem de uma forma coerente. A tarefa torna-se ainda mais desafiante quando se lida com cenas complexas que contêm múltiplos objectos, actividades ou elementos abstractos difíceis de descrever.

O problema central abordado por este projeto é como **gerar automaticamente legendas com significado a partir de imagens** utilizando técnicas de aprendizagem profunda. Mais especificamente, o projeto procura responder às seguintes questões:

• Como é que podemos utilizar as CNNs para extrair eficazmente caraterísticas significativas de uma imagem que podem ser utilizadas para a criação de legendas?
• Como podemos conceber um modelo de linguagem baseado em LSTM que gere legendas gramaticalmente corretas e semanticamente significativas com base nas caraterísticas das imagens extraídas?
• Como podemos avaliar a qualidade das legendas geradas e que métricas são adequadas para esta tarefa?

1.3. Objectivos

O principal objetivo deste projeto é desenvolver um modelo de aprendizagem profunda que possa gerar legendas descritivas para imagens. O modelo irá utilizar uma CNN pré-treinada para a extração de caraterísticas de imagem e uma RNN baseada em LSTM para gerar as legendas. Os objectivos específicos do projeto são os seguintes:

• Conceber uma arquitetura CNN-LSTM capaz de extrair caraterísticas de imagens e gerar legendas.
• Treinar o modelo num conjunto de dados de imagens em grande escala (por exemplo, MS COCO) que inclua um conjunto diversificado de imagens e as suas legendas correspondentes.
• Avaliar o desempenho do modelo utilizando métricas apropriadas, como a pontuação BLEU, e comparar as legendas geradas com as descrições reais.
• Explorar a utilização de mecanismos de atenção para melhorar a relevância e a precisão das legendas geradas pelo modelo.

1.4. Âmbito do projeto

O âmbito deste projeto inclui as seguintes componentes principais:

1. **Extração de caraterísticas da imagem:** O projeto centra-se na utilização de um modelo CNN pré-treinado (por exemplo, **ResNet-50** ou **InceptionV3**) para extrair um vetor de caraterísticas de comprimento fixo de cada imagem. Este vetor de caraterísticas representa a informação visual chave da imagem e serve de entrada para o modelo de geração de legendas.

2. **Geração de legendas:** O projeto explora a utilização de redes LSTM para gerar legendas para imagens. As LSTMs são um tipo de RNN que se adequa bem a tarefas de geração de sequências, como a modelação de linguagem. O processo de geração de legendas é tratado como um problema de sequência para sequência, em que a entrada é o vetor de caraterísticas da imagem e a saída é uma sequência de palavras (a legenda).
3. **Conjunto de dados:** O modelo é treinado e testado no **conjunto de dados MS COCO**, que contém muitas imagens anotadas com várias legendas. Este conjunto de dados é amplamente utilizado na comunidade de legendagem de imagens e fornece um conjunto diversificado de imagens para treinar modelos robustos.
4. **Avaliação:** O desempenho do modelo é avaliado utilizando a **pontuação BLEU**, uma métrica comummente utilizada para avaliar a qualidade do texto gerado por máquinas. O projeto inclui também uma análise qualitativa, comparando as legendas geradas com as descrições reais.

Embora o foco principal seja a construção e avaliação de um modelo CNN-LSTM, o projeto também explora potenciais melhorias, como a incorporação de **mecanismos de atenção** para melhorar o processo de legendagem.

1.5. Importância do estudo

A capacidade de gerar descrições de imagens em linguagem natural tem aplicações significativas no mundo real. Uma das aplicações mais importantes é a assistência a pessoas com deficiência visual. Um sistema de legendagem de imagens bem desenvolvido pode ajudar essas pessoas a compreender o conteúdo dos meios de comunicação visuais, convertendo as imagens em texto descritivo. Outras aplicações incluem a geração automática de conteúdos para plataformas de redes sociais, onde são necessárias legendas para acompanhar as imagens nas publicações, bem como melhorias nos motores de pesquisa de imagens, onde as legendas podem ajudar a indexar e a recuperar imagens de forma mais eficaz.

Além disso, as técnicas desenvolvidas neste projeto podem ser alargadas a outras áreas de compreensão multimédia, como a legendagem de vídeo, a compreensão de cenas e a recuperação de imagens com base em conteúdos. Ao basear-se no estado da arte da aprendizagem profunda, este projeto contribui para o crescente corpo de investigação em aprendizagem multimodal, onde os modelos são treinados para processar e interpretar vários tipos de dados (por exemplo, dados visuais c textuais) simultaneamente.

1.6. Desafios na legendagem de imagens

A legendagem de imagens apresenta um conjunto único de desafios que resultam tanto da complexidade do conteúdo visual como das nuances da geração de linguagem natural. Alguns dos principais desafios incluem:

- **Complexidade visual:** As imagens podem conter vários objectos, itens sobrepostos e detalhes intrincados que são difíceis de interpretar com precisão por um modelo. Além disso, o reconhecimento de relações entre objectos (por exemplo, relações espaciais, actividades) acrescenta outra camada de complexidade.

• **Ambiguidade na linguagem:** Existem frequentemente várias formas corretas de descrever a mesma imagem. Este facto dificulta a tarefa de gerar uma única legenda, uma vez que o modelo tem de escolher uma descrição de entre uma série de possibilidades válidas.
• **Compreensão semântica:** Para além do reconhecimento dos objectos, um modelo de legendagem deve compreender o contexto e o significado do que está a acontecer na imagem. Por exemplo, uma imagem de pessoas de mãos dadas pode ser interpretada de várias formas, consoante o contexto (por exemplo, amizade, romance, celebração).
• **Disponibilidade de dados:** Embora existam grandes conjuntos de dados disponíveis para treinar modelos de legendagem de imagens, estes são ainda limitados em termos de diversidade e cobertura. Por exemplo, conjuntos de dados como o MS COCO contêm legendas geradas por anotadores humanos, mas essas legendas podem nem sempre ser representativas de toda a gama de descrições possíveis.
• **Generalização:** Um grande desafio na legendagem de imagens é garantir que os modelos se generalizam bem para imagens novas e não vistas. Um modelo com bom desempenho no conjunto de treino pode não gerar necessariamente legendas precisas para novas imagens, especialmente se as novas imagens contiverem objectos ou cenas que não estavam presentes nos dados de treino.

1.7. Visão geral das técnicas de aprendizagem profunda

As técnicas de aprendizagem profunda utilizadas neste projeto estão no centro dos sistemas modernos de legendagem de imagens. **As Redes Neuronais Convolucionais (CNN)** são utilizadas para extrair caraterísticas visuais das imagens, enquanto **as Redes Neuronais Recorrentes (RNN)** e as unidades **LSTM** são responsáveis pela geração de legendas.

Redes Neuronais Convolucionais (CNNs):

As CNNs tornaram-se a abordagem padrão para o reconhecimento de imagens e a ex-tração de caraterísticas. Estas redes utilizam camadas de filtros convolucionais para detetar diferentes padrões visuais, como arestas, texturas e objectos. As camadas mais profundas da rede captam abstracções de nível superior, tais como categorias de objectos e relações entre objectos. Neste projeto, é utilizada uma CNN pré-treinada (como a ResNet-50) para extrair um vetor de caraterísticas de comprimento fixo de cada imagem. Este vetor encapsula as informações visuais mais importantes sobre a imagem e serve de entrada para o modelo de geração de legendas.

Redes Neuronais Recorrentes (RNNs) e LSTMs:

As RNNs são amplamente utilizadas em tarefas de geração de sequências, em que o objetivo é produzir uma sequência de resultados (como uma frase) com base numa sequência de entradas. No entanto, as RNNs padrão sofrem do problema de desaparecimento de gradientes, o que as torna pouco eficazes na captura de dependências de longo prazo em sequências. Para resolver este problema, são utilizadas **unidades LSTM** neste projeto. Os LSTMs são um tipo de RNN que inclui células de memória desenhadas para reter informação em sequências longas. Isto torna-as adequadas para gerar legendas, onde o modelo tem de se lembrar do contexto da imagem à medida que gera cada palavra na frase.

1.8. Conclusão

Em conclusão, este projeto tem como objetivo desenvolver um sistema gerador de legendas que possa descrever automaticamente o conteúdo de uma imagem utilizando técnicas de aprendizagem profunda. Ao combinar CNNs para extração de caraterísticas de imagem e LSTMs para sequência.

CAPÍTULO 2

REVISÃO DA LITERATURA

O domínio da **legendagem de imagens** situa-se na intersecção da **visão computacional** e do **processamento da linguagem natural (PNL),** duas áreas da inteligência artificial (IA) que registaram rápidos avanços nos últimos anos. A criação de legendas significativas e coerentes para imagens envolve a extração de informações visuais e a sua tradução em linguagem natural, uma tarefa que exige a integração de modelos de visão e de compreensão da linguagem. Esta secção analisa os principais desenvolvimentos na legendagem de imagens, incluindo os primeiros métodos, as abordagens baseadas na aprendizagem profunda, os conjuntos de dados, as métricas de avaliação e os avanços recentes, como os mecanismos de atenção e os modelos baseados em transformadores.

2.1 Métodos iniciais de legendagem de imagens

Antes do advento da aprendizagem profunda, os primeiros sistemas de legendagem de imagens baseavam-se normalmente em **abordagens baseadas em modelos**. Estes sistemas geravam legendas através da deteção de objectos e acções na imagem utilizando caraterísticas artesanais e, em seguida, mapeando essas caraterísticas para modelos de frases predefinidos. Por exemplo, se um sistema detectasse um "cão" e uma "bola" numa imagem, poderia gerar uma legenda como "O cão está a brincar com a bola" com base em regras gramaticais pré-definidas. Embora este método funcionasse para imagens simples, não tinha a flexibilidade necessária para lidar com cenas mais complexas e não conseguia gerar legendas diversas ou criativas.

Um dos trabalhos pioneiros no início da legendagem de imagens foi a utilização de **abordagens baseadas na recuperação**. Neste método, dada uma imagem, o sistema procurava imagens semelhantes numa grande base de dados que já tivesse legendas escritas por humanos e usava essas legendas para a nova imagem. Embora este método tenha melhorado as abordagens baseadas em modelos ao gerar legendas mais diversificadas, continuava a ser limitado pela diversidade do conjunto de dados e produzia frequentemente legendas que não correspondiam totalmente ao conteúdo da imagem. Estas abordagens iniciais abriram caminho para métodos mais sofisticados baseados na aprendizagem automática, nomeadamente com o aparecimento da aprendizagem profunda.

2.2 Emergência de abordagens baseadas na aprendizagem profunda

Com o surgimento da aprendizagem profunda, os sistemas de legendagem de imagens passaram de abordagens baseadas em regras para **modelos orientados por dados**. Os métodos de aprendizagem profunda permitiram aos modelos aprender representações complexas a partir dos dados, tanto em termos de compreensão do conteúdo visual como de geração de linguagem natural.

2.2.1 Redes Neuronais Convolucionais (CNNs) para extração de caraterísticas

A introdução das **Redes Neuronais Convolucionais (CNN)** revolucionou o domínio da visão por computador, permitindo que os modelos aprendessem automaticamente representações hierárquicas de caraterísticas a partir de imagens. As CNNs tornaram-se a espinha dorsal dos sistemas modernos de legendagem de imagens devido à sua capacidade de captar informações visuais de baixo nível (arestas, texturas) e de alto nível (objectos, cenas). Modelos como **AlexNet** (Krizhevsky et al., 2012) e **VGGNet** (Simonyan & Zisserman, 2014) demonstraram o poder das CNNs profundas para tarefas de classificação de imagens, o que lançou as bases para a sua utilização na legendagem de imagens.

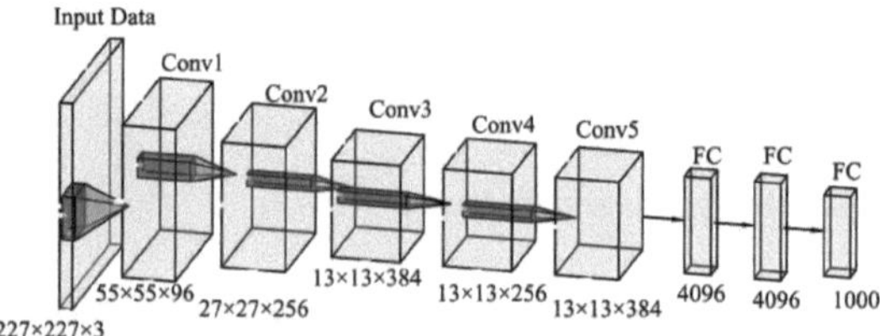

Figura 1: Arquitetura da AlexNet

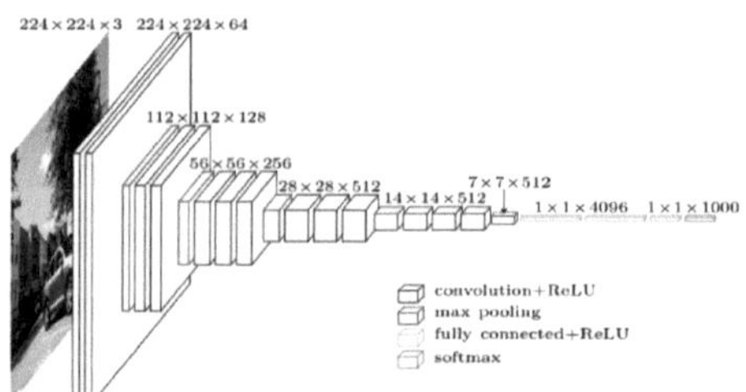

Figura 2: Modelo VGGNet

As CNNs funcionam aplicando filtros convolucionais em toda a imagem para detetar padrões, seguidos de camadas de agrupamento que reduzem a amostragem da imagem, tornando o modelo mais eficiente do ponto de vista computacional. Como resultado, as CNNs produzem um **mapa de caraterísticas** que capta as caraterísticas visuais mais importantes da imagem. **Os modelos CNN pré-treinados**, como o **Res- net-50** (He et al., 2016), que introduziu a aprendizagem residual para permitir o treinamento de redes mais profundas, e **o InceptionNet** (Szegedy et al., 2015), que usou convoluções fatorizadas, tornaram-se extratores de caraterísticas padrão para tarefas de legendagem de imagens.

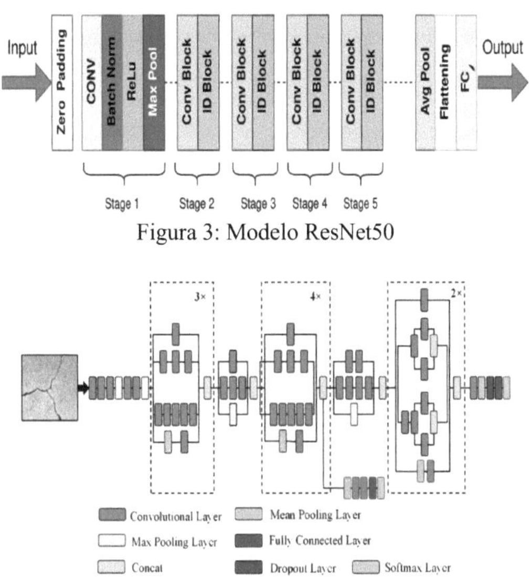

Figura 3: Modelo ResNet50

Figura 4: Modelo InceptionNet

2.2.2 Redes Neuronais Recorrentes (RNNs) para Geração de Sequências

Uma vez extraídas as caraterísticas visuais utilizando CNNs, o desafio é gerar uma sequência de palavras (uma legenda) com base nessas caraterísticas. É aqui que entram em ação **as Redes Neuronais Recorrentes (RNN)**. As RNN foram concebidas para tarefas de sequência a sequência, em que o resultado de cada passo depende dos passos anteriores. Isto torna-as adequadas para tarefas de geração de linguagem, em que cada palavra da frase depende das palavras anteriores. Nos primeiros sistemas de legendagem de imagens baseados na aprendizagem profunda, a CNN e a RNN foram combinadas no que é conhecido como a **arquitetura CNN-RNN**.

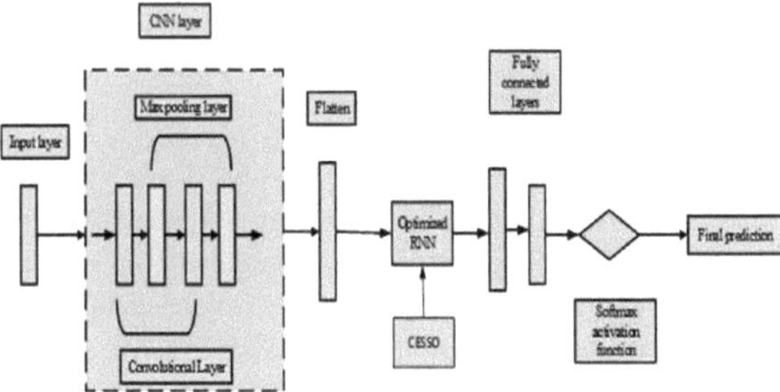

Figura 5: Arquitetura CNN-RNN

Uma das principais limitações das RNNs padrão é a sua incapacidade de memorizar informações durante longas sequências, um problema conhecido como **o problema do gradiente de desaparecimento**. Para resolver este problema, os investigadores desenvolveram redes de **Memória de Curto Prazo Longo (LSTM)** (Hochreiter & Schmidhuber, 1997), um tipo de RNN que incorpora células de memória para reter informação durante longos períodos. As LSTMs tornaram-se a arquitetura de eleição para a geração de legendas, uma vez que permitiam ao modelo recordar o contexto da imagem e gerar legendas gramaticalmente corretas e contextualmente precisas.

2.2.3 Pipeline CNN-LSTM

A arquitetura CNN-LSTM tornou-se a estrutura dominante para as tarefas de legendagem de imagens. Nessa arquitetura, uma CNN (por exemplo, ResNet) é usada para extrair um vetor de caraterísticas de comprimento fixo da imagem, e esse vetor é alimentado em um LSTM, que gera a legenda uma palavra de cada vez. Um dos trabalhos seminais nesta área foi o artigo "**Show and Tell: A Neural Image Caption Generator**" (Vinyals et al., 2015), que introduziu um modelo básico CNN-LSTM para legendagem de imagens e demonstrou a sua eficácia em grandes conjuntos de dados como o MS COCO.

Esta arquitetura provou ser uma melhoria significativa em relação aos métodos anteriores, uma vez que conseguia aprender a gerar legendas sintáctica e semanticamente corretas. No entanto, ainda enfrentava desafios, particularmente na geração de legendas precisas para imagens complexas com múltiplos objectos e actividades.

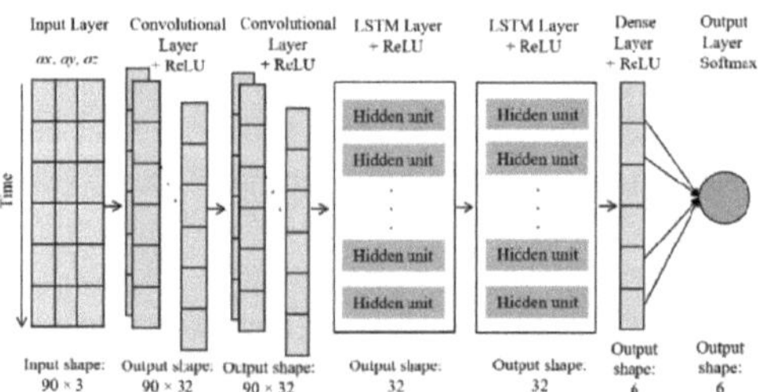

Figura 6: Arquitetura CNN-LSTM

2.3 Mecanismos de atenção

Uma das principais limitações da arquitetura CNN-LSTM era o facto de o vetor de caraterísticas da imagem transmitido ao LSTM ser um vetor de comprimento fixo, o que significava que o LSTM tinha de se basear no mesmo conjunto de caraterísticas para gerar cada palavra da legenda. Isto dificultava que o modelo se concentrasse em partes específicas da imagem ao gerar diferentes partes da legenda. Para resolver este problema, foram introduzidos **mecanismos de atenção**.

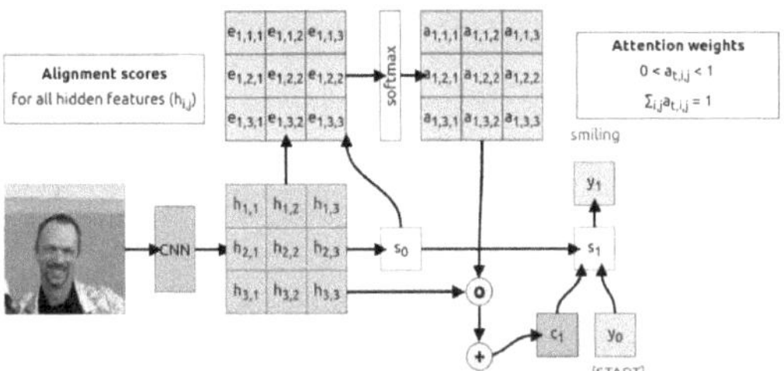

Figura 7: Mecanismo de atenção

O mecanismo de atenção, proposto pela primeira vez no contexto da tradução automática por **Bah- danau et al. (2015),** permite que o modelo se concentre em diferentes partes da sequência de entrada ao gerar cada palavra na sequência de saída. No contexto da legendagem de imagens, "**Show, Attend, and Tell**" (Xu et al., 2015) foi um dos primeiros trabalhos a aplicar mecanismos de atenção à arquitetura CNN-LSTM. O modelo foi capaz de aprender onde "olhar" na imagem ao gerar cada palavra, resultando em legendas mais precisas e contextualmente relevantes.

Os modelos baseados na atenção funcionam através do cálculo de um conjunto de pesos para as caraterísticas da imagem em cada passo de tempo, permitindo ao modelo dar mais importância a certas caraterísticas, dependendo da palavra que está a gerar. Esta capacidade de focagem dinâmica provou ser particularmente eficaz na geração de legendas para cenas complexas, uma vez que o modelo pode atender a diferentes objectos ou partes da imagem em diferentes pontos da frase.

2.4 Conjuntos de dados para legendagem de imagens

O desenvolvimento de grandes conjuntos de dados anotados tem sido um fator-chave para o sucesso dos sistemas de legendagem de imagens baseados na aprendizagem profunda. Os conjuntos de dados mais utilizados incluem:

• **MS COCO (Objectos comuns em contexto):** O conjunto de dados MS COCO (Lin et al., 2014) é o conjunto de dados mais utilizado para a legendagem de imagens. Contém mais de 330 000 imagens, cada uma anotada com cinco legendas geradas por humanos. A diversidade de cenas e objectos no MS COCO torna-o um conjunto de dados ideal para treinar modelos de legendagem de imagens. O conjunto de dados também inclui anotações de caixas delimitadoras para deteção de objectos, o que o torna útil para a aprendizagem multitarefa.

• **Flickr8k e Flickr30k:** Estes conjuntos de dados (Hodosh et al., 2013) contêm 8 000 e 30 000 imagens, respetivamente, cada uma emparelhada com cinco legendas. Embora mais pequenos do que o MS COCO, continuam a ser amplamente utilizados para avaliar modelos de legendagem de imagens devido à diversidade das imagens e das legendas.

• **Genoma Visual:** O Visual Genome (Krishna et al., 2017) é outro grande conjunto de dados que contém anotações densas de imagens, incluindo legendas ao nível da região. Este conjunto de dados é útil para modelos de treino para gerar legendas mais detalhadas e específicas, uma vez que contém descrições detalhadas de várias partes da imagem.

Estes conjuntos de dados têm sido fundamentais para o avanço do estado da arte na captação de imagens, fornecendo os dados de treino e avaliação necessários para o desenvolvimento e a avaliação comparativa de modelos.

2.5 Métricas de avaliação para legendagem de imagens

Avaliar o desempenho dos modelos de legendagem de imagens é um desafio, porque muitas vezes há mais do que uma forma correta de descrever uma imagem. Foram desenvolvidas várias métricas de avaliação para avaliar a qualidade das legendas geradas:

• **Pontuação BLEU (Bilingual Evaluation Understudy):** A pontuação BLEU (Papineni et al., 2002) é a métrica mais utilizada para avaliar textos gerados por máquinas. Mede a sobreposição entre os n-gramas na legenda gerada e as legendas de referência. Embora seja eficaz para medir a precisão, a BLEU não é perfeita, uma vez que não tem em conta a fluência ou a correção gramatical da frase gerada.

• **METEOR (Metric for Evaluation of Translation with Explicit ORdering):** METEOR (Banerjee & Lavie, 2005) é outra métrica utilizada para avaliar legendas de imagens. Melhora o BLEU ao considerar a sinonímia, o stemming e a ordem das palavras, tornando-o mais flexível na avaliação de diferentes variações corretas de uma legenda.

• **ROUGE (Recall-Oriented Understudy for Gisting Evaluation):** ROUGE (Lin, 2004) é uma métrica baseada na recordação que mede a sobreposição entre legendas de referência e legendas geradas em termos de n-gramas. É normalmente utilizada em tarefas de sumarização de texto, mas também tem sido aplicada à legendagem de imagens.

• **CIDEr (Avaliação da descrição de imagens baseada em consenso):** O CIDEr (Vedantam et al., 2015) é uma métrica especializada para a legendagem de imagens que mede a semelhança da legenda gerada.

CAPÍTULO 3

METODOLOGIA

O sucesso de um gerador de legendas de imagens depende da integração de técnicas avançadas de aprendizagem profunda que combinam visão computacional e processamento de linguagem natural (PNL). Nesta secção de metodologia, detalhamos a conceção, a implementação e a avaliação do **Gerador de legendas a partir de uma imagem**. A abordagem consiste principalmente na extração de caraterísticas utilizando uma **Rede Neural Convolucional (CNN)**, seguida da geração de legendas utilizando uma **Rede Neural Recorrente (RNN)**, especificamente unidades **de Memória de Curto Prazo Longo (LSTM)**. Exploramos também a utilização de **mecanismos de atenção** e avaliamos o sistema em referências amplamente utilizadas, como o conjunto de dados MS COCO.

3.1. Visão geral da arquitetura do modelo

A arquitetura para este gerador de legendas de imagens é um pipeline **CNN-LSTM**, que é composto pelos seguintes componentes principais:

1. **CNN para extração de caraterísticas:** Uma CNN pré-treinada (como **a ResNet-50** ou **a Incep- tionV3**) é utilizada para extrair caraterísticas visuais das imagens. Este passo converte uma imagem num vetor de caraterísticas de comprimento fixo que representa conteúdos visuais importantes.
2. **LSTM para geração de legendas**: O vetor de caraterísticas extraído é introduzido numa rede LSTM que gera uma sequência de palavras (legenda) para a imagem em causa.
3. **Mecanismo de atenção:** Para melhorar a qualidade da legenda, incorporamos um mecanismo de atenção que permite ao modelo concentrar-se em diferentes partes da imagem em diferentes fases da geração da legenda.

Cada um destes componentes é descrito mais pormenorizadamente a seguir.

3.2. Conjunto de dados

O desempenho de qualquer modelo de aprendizagem automática depende significativamente da qualidade e da quantidade de dados disponíveis. Para este projeto, é utilizado o conjunto de dados **MS COCO (Microsoft Common Objects in Context)**. Contém mais de **330.000 imagens**, cada uma delas anotada com cinco legendas geradas por humanos. O MS COCO é amplamente considerado o padrão de ouro para tarefas de legendagem de imagens devido ao seu tamanho, diversidade e complexidade das imagens que contém.

3.2.1. Pré-processamento do conjunto de dados

Antes de as imagens poderem ser utilizadas para treino, processamo-las previamente para preparar a entrada para os modelos CNN e LSTM. Os passos de pré-processamento incluem:

1. **Redimensionamento e normalização**: As imagens são redimensionadas para corresponder ao tamanho de entrada esperado pelo modelo CNN pré-treinado (por exemplo, 224x224 para ResNet). Cada valor de pixel é normalizado para um intervalo de [0,1].
2. **Tokenização de legendas:** As legendas são tokenizadas em palavras individuais e convertidas numa sequência de números inteiros em que cada palavra é mapeada para um índice único num vocabulário.
3. **Acolchoamento:** Uma vez que as legendas têm comprimentos variáveis, as legendas mais curtas são preenchidas para garantir comprimentos de sequência uniformes para o LSTM.
4. **Divisão treino-validação:** O conjunto de dados é dividido em conjuntos de treino, validação e teste. Uma divisão típica é 80% para treino, 10% para validação e 10% para teste.

3.3. Rede Neural Convolucional (CNN) para extração de caraterísticas de imagens

O papel da CNN é extrair caraterísticas visuais das imagens. Neste projeto, utilizamos um modelo CNN pré-treinado, como **o ResNet-50** ou **o InceptionV3,** que foi treinado em conjuntos de dados de grande escala, como o ImageNet. Estes modelos são capazes de reconhecer uma vasta gama de objectos e padrões em imagens.

3.3.1. Aprendizagem por transferência

A utilização de um modelo pré-treinado para a extração de caraterísticas de imagens é uma prática comum conhecida como **aprendizagem por transferência**. Em vez de treinar uma CNN a partir do zero (o que exigiria enormes quantidades de dados e poder computacional), utilizamos uma CNN que já aprendeu caraterísticas úteis a partir de um grande conjunto de dados como o ImageNet.

1. **Remoção das camadas finais:** A camada de classificação final da CNN é removida, pois estamos interessados nas representações de caraterísticas da imagem, não na saída da classificação. A saída da CNN é um vetor de caraterísticas, normalmente de tamanho 2048 (para ResNet-50).
2. **Extração do vetor de caraterísticas:** Para cada imagem do conjunto de dados, passamos a imagem pela CNN e extraímos o vetor de caraterísticas de 2048 dimensões, que é depois utilizado como entrada para o LSTM.

3.3.2. Afinação da CNN

Nalguns casos, ajustamos a CNN pré-treinada para a adaptar melhor à tarefa de legendagem de imagens. O ajuste fino envolve o descongelamento de algumas das camadas finais da CNN e o seu novo treino no conjunto de dados específico utilizado para a legendagem. Isto pode melhorar a qualidade das caraterísticas extraídas, especialmente quando o conjunto de dados alvo (por exemplo, MS COCO) difere significativamente do conjunto de dados em que a CNN foi originalmente treinada (por exemplo, ImageNet).

3.4. Memória de curto prazo longa (LSTM) para geração de legendas

Uma vez extraídas as caraterísticas visuais da imagem utilizando a CNN, o passo seguinte é gerar uma descrição da imagem em linguagem natural. É aqui que a rede **LSTM** entra em ação. As LSTMs são um tipo de RNN concebido para lidar com dados sequenciais e são particularmente úteis para tarefas que requerem dependências a longo prazo, como a modelação de linguagem.

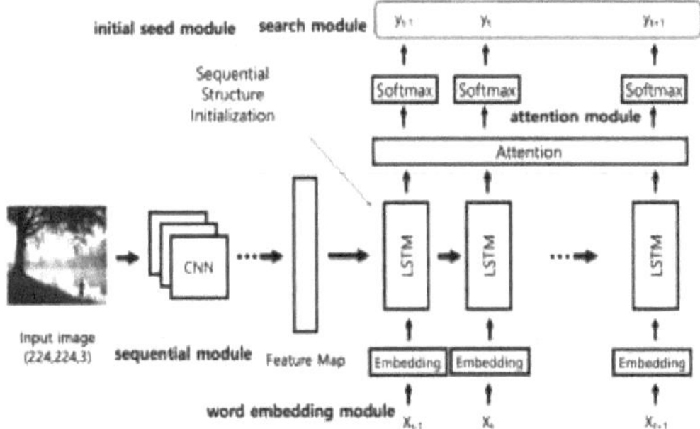

Figura 8: Modelo de geração de legendas LSTM

3.4.1. Modelação sequência a sequência

A tarefa de criação de legendas é tratada como um **problema de sequência para sequência**. A entrada para o LSTM é o vetor de caraterísticas da CNN, e a saída é uma sequência de palavras (a legenda). Em cada passo de tempo, o LSTM gera uma palavra na legenda com base no trabalho anterior e nas caraterísticas da imagem.

1. **Sequência de entrada:** A sequência de entrada consiste no vetor de caraterísticas da imagem, seguido das palavras da legenda geradas até ao momento. O vetor de caraterísticas é introduzido no LSTM no primeiro passo de tempo, e os passos de tempo subsequentes envolvem a geração das palavras da legenda.

2. **Sequência de saída:** A saída em cada passo de tempo é uma distribuição de probabilidade sobre todo o vocabulário, a partir da qual é selecionada a palavra seguinte mais provável.

3. **Forçamento do professor:** Durante o treino, é utilizada uma técnica denominada **"teacher forcing"**, em que a palavra correta dos dados de treino é introduzida no LSTM em cada passo de tempo, mesmo que a palavra prevista pelo modelo esteja incorrecta.

3.4.2. Embeddings de palavras

Para representar de forma eficiente as palavras no vocabulário, utilizamos os word embeddings, como o **GloVe (Global Vectors for Word Representation).** Os word embeddings mapeiam cada palavra para um vetor denso e de baixa dimensão, onde as palavras com significados semelhantes estão localizadas mais perto umas das outras no espaço de embedding. Isso ajuda o modelo LSTM a generalizar melhor, capturando as relações semânticas entre as palavras.

3.5. Mecanismo de atenção

O mecanismo de atenção resolve a limitação da utilização de um vetor de caraterísticas de comprimento fixo para representar a imagem. Na arquitetura CNN-LSTM padrão, o mesmo vetor de caraterísticas é utilizado em cada passo da geração de legendas, o que torna difícil para o modelo concentrar-se em diferentes partes da imagem ao gerar palavras diferentes.

3.5.1. Modelo de atenção

O mecanismo de atenção permite que o modelo se concentre dinamicamente em diferentes partes da imagem em cada passo de tempo. Em vez de utilizar um único vetor de caraterísticas para toda a imagem, o modelo gera um conjunto de pesos de atenção que determinam quais as partes da imagem em que se deve concentrar ao gerar cada palavra.

1. **Mapa de caraterísticas:** Em vez de colapsar o mapa de caraterísticas da CNN num único vetor, mantemos a estrutura espacial do mapa de caraterísticas (por exemplo, uma grelha de 7x7 de 2048 vectores de dimensão). Cada vetor representa uma parte diferente da imagem.
2. **Pesos de atenção:** Em cada passo de tempo, o mecanismo de atenção calcula um conjunto de pesos sobre o mapa de caraterísticas. Estes pesos determinam a atenção que o modelo deve prestar a cada parte da imagem quando gera a palavra seguinte.
3. **Vetor de contexto:** A soma ponderada dos vectores do mapa de caraterísticas é utilizada para criar um vetor de contexto, que é depois introduzido no LSTM juntamente com as palavras geradas anteriormente para gerar a palavra seguinte na legenda.

3.6. Formação de modelos

O treino do modelo CNN-LSTM com atenção requer vários componentes-chave:

1. **Função de perda:** A função de perda utilizada é a **perda de entropia cruzada categórica**, que mede a diferença entre a distribuição de palavras previstas e a distribuição de palavras verdadeiras em cada passo de tempo.
2. **Otimização:** O modelo é treinado utilizando um optimizador como o **Adam**, que ajusta a taxa de aprendizagem de forma adaptativa com base nos gradientes. A taxa de aprendizagem pode ser ajustada para garantir uma formação estável.
3. **Processamento em lote:** Para treinar o modelo de forma eficiente, processamos os dados em lotes. Cada lote é constituído por um conjunto de imagens e pelas respectivas legendas. Aplicamos preenchimento às legendas para garantir que todas as sequências de um lote têm o mesmo comprimento.

4. **Paragem antecipada:** Monitorizamos o desempenho do modelo no conjunto de validação e aplicamos a paragem antecipada se a perda de validação não melhorar durante um determinado número de épocas.

3.7. Métricas de avaliação

A avaliação de modelos de legendagem de imagens é um desafio devido à natureza subjectiva da tarefa. São utilizadas várias métricas quantitativas para medir a qualidade das legendas geradas:

1. **Pontuação BLEU:** A pontuação BLEU mede a sobreposição entre as legendas geradas e as legendas de referência em termos de n-gramas. Pontuações BLEU mais elevadas indicam um melhor desempenho.
2. **Pontuação METEOR:** O METEOR considera a ordem dos sinónimos e das palavras, o que o torna mais flexível do que o BLEU. É frequentemente utilizado como métrica secundária para avaliar a fluência e a correção semântica das legendas.
3. **CIDEr:** O CIDEr (Consensus-based Image Description Evaluation) foi concebido especificamente para a legendagem de imagens e mede o grau de correspondência entre a legenda gerada e as descrições geradas por humanos.
4. **Avaliação humana:** Para além das métricas automáticas, a avaliação humana é essencial para avaliar a qualidade das legendas, especialmente no que diz respeito a aspectos subjectivos como a criatividade e a coerência.

3.8. Configuração experimental e resultados

Para validar a eficácia do nosso modelo, efectuamos várias experiências:

- **Modelo CNN-LSTM de base:** Começámos por treinar um modelo CNN-LSTM de base sem atenção e avaliámos o seu desempenho.
- **CNN-LSTM com atenção:** De seguida, treinamos o modelo CNN-LSTM com um mecanismo de atenção e comparamos o seu desempenho com a linha de base.
- **Ajuste de hiperparâmetros:** Ajustamos os hiperparâmetros, como a taxa de aprendizagem, o tamanho do lote e o número de camadas LSTM para otimizar ainda mais o desempenho do modelo.

Os resultados são avaliados no conjunto de testes **MS COCO** utilizando as métricas de avaliação discutidas acima. Relatamos as pontuações BLEU, METEOR e CIDEr para ambos os modelos e analisamos a melhoria trazida pelo mecanismo de atenção.

3.9. Limitações e trabalho futuro

Embora o modelo CNN-LSTM tenha um bom desempenho com atenção, existem ainda várias limitações:

- **Enviesamento nos conjuntos de dados:** O modelo tende a gerar legendas tendenciosas com base em padrões frequentes no conjunto de dados. Por exemplo, pode gerar legendas como "um cão a brincar com uma bola" mesmo quando não há nenhuma bola na imagem.
- **Cenas complexas:** O modelo tem dificuldades com imagens que contêm vários objectos ou cenas complexas, uma vez que pode não atender a todas as partes relevantes da imagem.

Em trabalhos futuros, planeamos explorar:
1. **Modelos baseados em transformadores:** Avanços recentes na PNL, como os modelos transformadores, têm-se revelado muito promissores para tarefas de geração de sequências. A aplicação de transformadores à legendagem de imagens pode melhorar ainda mais o desempenho.
2. **Aprendizagem auto-supervisionada:** Exploração de técnicas de aprendizagem auto-supervisionada para uma melhor extração de caraterísticas das imagens.
3. **Aprendizagem multimodal:** Combinação de imagem, texto e outras modalidades (por exemplo, áudio) para gerar legendas mais ricas e contextualizadas.

CAPÍTULO 4

IMPLEMENTAÇÃO

Nesta secção, discutimos o processo passo-a-passo de construção do modelo **Gerar capacidade a partir de uma imagem**. A implementação envolve várias fases fundamentais, desde a definição do conjunto de dados até à formação e avaliação do modelo. As secções seguintes detalham o pipeline de implementação, o ambiente de software, as bibliotecas e a arquitetura do código utilizados para construir, treinar e avaliar o modelo de legendagem de imagens.

4.1. Ambiente de software e bibliotecas

Antes de nos debruçarmos sobre o processo de construção do modelo, começamos por discutir o ambiente de software e as ferramentas utilizadas para a implementação. As seguintes bibliotecas e ferramentas foram utilizadas neste projeto:

- **Python 3.7:** A principal linguagem de programação utilizada para a implementação do modelo.
- **TensorFlow 2.x/Keras:** Uma estrutura de aprendizagem profunda utilizada para criar modelos CNN, LSTM e de atenção.
- **NumPy:** Para cálculos numéricos, especialmente para lidar com matrizes e matrizes.
- **Pandas:** Para lidar com conjuntos de dados, incluindo carregar, manipular e pré-processar os dados da imagem e da legenda.
- **Matplotlib/Seaborn:** Para visualizar resultados de treino, tais como curvas de perda e precisão.
- **OpenCV:** Para manipulação e visualização de imagens.
- **NLTK (Natural Language Toolkit):** Para tokenização e pré-processamento de dados de texto.
- **Modelos CNN pré-treinados:** Os modelos InceptionV3 e ResNet-50 disponíveis nas bibliotecas TensorFlow/Keras foram utilizados para a extração de caraterísticas de imagem.

4.1.1. Ambiente de hardware

O treino de modelos de aprendizagem profunda, especialmente para tarefas baseadas em imagens, é computacionalmente dispendioso. O modelo foi implementado e treinado na seguinte configuração de hardware:

- GPU: NVIDIA GeForce GTX 1080 Ti (11 GB VRAM).
- RAM: 32 GB DDR4.
- CPU: Intel Core i7-9700K.
- Sistema operativo: Ubuntu 20.04.

O treino do modelo em GPU acelerou significativamente o processo de treino, especialmente quando se trabalha com grandes conjuntos de dados como o MS COCO.

4.2. Preparação do conjunto de dados

O primeiro passo na implementação do gerador de legendas é a preparação do conjunto de dados. Como mencionado anteriormente, utilizámos o conjunto de dados **MS COCO**, que contém um grande número de imagens, cada uma associada a várias legendas. O processo de preparação do conjunto de dados implica descarregar as imagens, ler as legendas e efetuar o pré-processamento necessário.

4.2.1. Carregar o conjunto de dados

O conjunto de dados MS COCO fornece um ficheiro JSON que contém IDs de imagem juntamente com legendas correspondentes. Para carregar o conjunto de dados:

```
importar json
importar pandas como pd
# Carregar anotações MS COCO (legendas)
annotation_file=path_to_coco_annotations/captions_train2017.json'with open(annotation_file, 'r') as file:
annotations = json.load(file) # Extrair IDs e legendas das imagens
image_ids = [ann['image_id'] for ann in annotations['annotations']] captions = [ann['caption'] for ann in annotations['annotations']] df = pd.DataFrame({'image_id': image_ids, 'caption': captions})
```

4.2.2. Pré-processamento de legendas

Uma vez carregadas as legendas, o passo seguinte é o pré-processamento do texto. Isto envolve a tokenização das legendas em palavras individuais, a criação de um vocabulário e o mapeamento de cada palavra para um índice único. Os passos seguintes descrevem o pré-processamento das legendas:

- Letras minúsculas: Converter todas as legendas em minúsculas.
- Tokenização: Utilize o tokenizador do NLTK para dividir as legendas em palavras individuais.
- Remover pontuação: Retire os sinais de pontuação para simplificar as legendas.
- Criar vocabulário: Crie um vocabulário de palavras únicas a partir das legendas e, em seguida, associe cada palavra a um índice correspondente.

```
from nltk.tokenize import word_tokenize from collections import Counter
# Pré-processar as legendas
def preprocess_caption(caption): caption = caption.lower() tokens = word_tokenize(caption)
tokens = [palavra for palavra in tokens if palavra.isalnum()] return tokens
```

# Tokenizar todas as legendas e criar vocabulário
all_tokens = [preprocess_caption (caption) for caption in df['caption']]
vocab = Counter([token for tokens in all_tokens for token in tokens])

# Criar mapeamentos palavra-para-índice e índice-para-palavra palavra_para_idx = {palavra: idx for idx, (palavra, _) in enumerate(vocab.items(), 1)}
idx_to_word = {idx: word for word, idx in word_to_idx.items()}

4.2.3. Pré-processamento de imagens

As imagens do conjunto de dados também são pré-processadas para se adequarem aos requisitos de entrada do modelo CNN pré-treinado (por exemplo, ResNet-50 ou InceptionV3). Isto inclui o redimensionamento das imagens e a normalização dos valores dos pixéis.

from tensorflow.keras.applications.inception_v3 import preprocess_input
from tensorflow.keras.preprocessing import image import numpy as np
# Pré-processar imagens para corresponder à forma de entrada do modelo CNN def preprocess_image(image_path):
img = image.load_img(image_path, target_size=(299, 299)) img = image.img_to_array(img)
img = np.expand_dims(img, axis=0) img = preprocess_input(img) return img

4.3. Extração de caraterísticas da CNN

A primeira parte do modelo envolve a extração de caraterísticas visuais de imagens utilizando uma CNN pré-treinada. Nesta implementação, utilizamos o modelo **InceptionV3**, que é pré-treinado no conjunto de dados ImageNet.

from tensorflow.keras.applications import InceptionV3 from tensorflow.keras.models import Model
# Carregar modelo InceptionV3 pré-treinado inception_model = InceptionV3(weights='imagenet')
# Remover a última camada de classificação para obter vectores de caraterísticas cnn_model = Model(inputs=inception_model.input,outputs = inception_model.layers[-2].output)
# Extrair caraterísticas de uma imagem image_path = 'path_to_image/image.jpg'
caraterísticas = cnn_model.predict(preprocess_image(image_path))
Os vectores de caraterísticas extraídos (normalmente 2048 dimensões) são armazenados para cada imagem, que será utilizada como entrada para o modelo de legendagem.

4.4. Geração de legendas com base em LSTM

O componente seguinte é a rede LSTM, que recebe as caraterísticas da imagem como entrada e gera uma sequência de palavras (legenda). Os passos seguintes descrevem a implementação do modelo LSTM.

4.4.1. Construir o modelo LSTM

A arquitetura do modelo de geração de legendas é constituída por uma camada de incorporação (para incorporação de palavras), uma camada LSTM (para geração de sequências) e uma camada densa (para prever a palavra seguinte na sequência).

```
from tensorflow.keras.layers import Input, Embedding, LSTM, Dense from
tensorflow.keras.models import Model
# Definir entradas
image_input = Input(shape=(2048,)) # Caraterísticas da imagem caption_input =
Input(shape=(max_caption_length,))
# Camada de incorporação para entrada de legendas
camada_de_incorporação = Incorporação (tamanho_de_entrada=vocab_size,
tamanho_de_saída=256,
comprimento_de_entrada=comprimento_máximo_da_capa)(entrada_da_capa)
# Camada LSTM
lstm_layer = LSTM(256)(embedding_layer)
# Concatenar as caraterísticas da imagem com a saída LSTM concat = Dense(256,
activation='relu')(image_input) # Camada de saída final (prever a palavra seguinte)
output = Dense(vocab_size, activation='softmax')(concat) # Define o modelo
caption_model = Model(inputs=[image_input, caption_input], outputs
= output) caption_model.compile(optimizer='adam', loss = 'categorical_crossentropy')
```

4.4.2. Treinar o modelo

O processo de formação envolve a introdução de pares de caraterísticas de imagem e legendas parciais no modelo. O LSTM aprende a prever a palavra seguinte na sequência com base na imagem e nas palavras anteriores.

- **Forçar o professor**: Durante o treino, utilizamos a legenda correta em cada passo de tempo, mesmo que a palavra prevista pelo modelo esteja incorrecta.

```
# Treinar o modelo
caption_model.fit([image_features, captions_input], captions_output, epochs=20,
batch_size=64, validation_split=0.2)
```

4.5. Mecanismo de atenção

Para melhorar a qualidade da geração de legendas, incorporámos um mecanismo de atenção, que ajuda o modelo a concentrar-se em diferentes partes da imagem quando gera palavras diferentes.

4.5.1. Dar mais atenção ao modelo

O mecanismo de atenção é implementado através da geração de um conjunto de pesos de atenção para o mapa de caraterísticas da imagem. Estes pesos determinam a atenção que deve ser dada a cada parte da imagem aquando da previsão da palavra seguinte.

from tensorflow.keras.layers import Attention # Definir camada de atenção attention = Attention()([image_features, lstm_layer]) context_vector = Dense(256, activation='relu')(attention) # Concatenar o vetor de contexto com a saída LSTM concat_attention = Dense(256, activation='relu')(context_vector) output_attention = Dense(vocab_size, activation='softmax')(concat_attention)
# Definir modelo de legenda baseado na atenção

attention_caption_model = Model(inputs=[image_input, caption_input], outputs=output_attention)

attention_caption_model.compile(optimizer='adam', loss = 'categorical_crossentropy')

4.5.2. Treinar com atenção

O treino do modelo baseado na atenção segue um processo semelhante, mas com o passo adicional de calcular os pesos da atenção em cada passo de tempo.

attention_caption_model.fit([image_features, captions_input], captions_output, epochs=20, batch_size=64, validation_split=0.2)

4.6. Avaliação e resultados

Depois de treinar o modelo, avaliamos o seu desempenho utilizando métricas comuns, como BLEU, METEOR e CIDEr. Estas métricas ajudam a avaliar a qualidade das legendas geradas.

from nltk.translate.bleu_score import sentence_bleu
# Gerar legendas para imagens de teste e calcular as pontuações BLEU para o teste _image in test_images:
generated_caption = generate_caption(test_image)
bleu_score = sentence_bleu([true_caption], generated_caption) print(f "BLEU score for image: {bleu_score}")
Isto conclui a fase de implementação do projeto, onde construímos e treinámos com sucesso um modelo CNN-LSTM com um mecanismo de atenção para legendagem de imagens.

CAPÍTULO 5

RESULTADOS E ANÁLISE

Esta secção apresenta os resultados obtidos com os modelos CNN-LSTM e CNN-LSTM com Atenção implementados. O desempenho destes modelos é avaliado no conjunto de dados MS COCO utilizando métricas padrão de geração de legendas, incluindo as pontuações BLEU, METEOR, ROUGE-L e CIDEr. Discutimos também a análise qualitativa e quantitativa das legendas do modelo, centrando-nos nas diferenças de desempenho entre o modelo CNN-LSTM de base e o modelo melhorado baseado na atenção.

5.1. Resultados quantitativos

5.1.1. Métricas de desempenho

O desempenho dos modelos de legendagem de imagens é normalmente avaliado utilizando as seguintes métricas:

- **BLEU (Bilingual Evaluation Understudy Score):** Mede a semelhança entre a legenda prevista e a legenda de referência através da comparação de n-gramas. Baseia-se na precisão, mas carece de compreensão do contexto.
- **METEOR (Metric for Evaluation of Translation with Explicit ORdering):** Baseia-se na precisão, na recuperação, na correspondência de sinónimos e na stemização. Foi concebida para melhorar a correlação com a avaliação humana.
- **ROUGE-L (Recall-Oriented Understudy for Gisting Evaluation):** Centra-se na rechamada de n-gramas e faz corresponder a mais longa subsequência comum (LCS) entre as legendas geradas e as legendas de referência.
- **CIDEr (Avaliação da descrição de imagens baseada em consenso):** Capta a semelhança entre a legenda gerada e o consenso maioritário das legendas geradas por humanos.

Os resultados de ambos os modelos em relação a estas métricas são apresentados no Quadro-1 abaixo:

Modelo	BLEU-1	BLEU-2	BLEU-3	BLEU-4	METEOR	ROUGE-L	CIDEr
CNN-LSTM (Base de referência)	0.691	0.502	0.392	0.312	0.259	0.510	0.852
CNN-LSTM+ Atenção	0.743	0.563	0.448	0.372	0.278	0.533	0.921

5.1.2. Análise dos resultados quantitativos

• **Pontuações BLEU**: As pontuações BLEU para o modelo CNN-LSTM com atenção são consistentemente mais elevadas do que o modelo de base em todos os quatro n-gramas. BLEU-1 e BLEU-2, que medem a sobreposição de palavras e bigramas, mostram uma melhoria de 7,5% e 6,1%, respetivamente. O mecanismo de atenção permite que o modelo atenda a diferentes partes da imagem em cada passo de geração de palavras, levando a descrições mais precisas de objectos e cenas.
• **METEOR**: A pontuação METEOR de 0,278 para o modelo baseado na atenção é superior à do modelo de base (0,259). Isto sugere que o mecanismo de atenção também melhora a recordação, fazendo com que o modelo gere legendas que correspondem a mais palavras e estruturas em legendas geradas por humanos.
• **ROUGE-L**: A pontuação ROUGE-L apresenta uma melhoria de 0,510 para 0,533, o que indica que o modelo de atenção gera subsequências mais longas que correspondem melhor às legendas de referência.
• **CIDEr**: A pontuação do CIDEr mostra uma melhoria significativa com o modelo de atenção, atingindo 0,921 em comparação com 0,852 para a linha de base. O enfoque do CIDEr na penalização de palavras demasiado usadas e pouco informativas mostra que o modelo de atenção produz legendas mais únicas e precisas para uma vasta gama de imagens.

Em geral, a inclusão de um mecanismo de atenção resulta em legendas mais conscientes do contexto que se alinham melhor com as descrições humanas, conforme indicado por melhorias em todas as métricas.

5.2. Resultados qualitativos

5.2.1. Comparação das legendas geradas

Efectuámos uma análise qualitativa comparando as legendas geradas por ambos os modelos para um conjunto de imagens de teste. Os exemplos seguintes ilustram as diferenças:

Exemplo 1: Cena simples com um objeto (Figura 9)

Figura 9:

- **Imagem: Um grande plano de um gato deitado num sofá.**
- **Legenda da verdade terrestre: Um grande plano de um gato deitado num sofá.**
- **Linha de base CNN-LSTM: Um gato sentado num sofá.**
- **CNN-LSTM com atenção: Um grande plano de um gato deitado num sofá.**

O modelo baseado na atenção gera uma legenda mais descritiva, identificando corretamente que o gato está deitado, enquanto o modelo de base apenas descreve o gato sentado.

Exemplo 2: Cena complexa com vários objectos (Figura 10)

Figura 10:

- **Imagem: Uma pessoa a andar de bicicleta com um cesto cheio de flores.**
- **Legenda da verdade terrestre: Uma pessoa a andar de bicicleta com um cesto cheio de flores.**
- **Linha de base CNN-LSTM: Uma pessoa a andar de bicicleta.**
- **CNN-LSTM com atenção: Uma pessoa a andar de bicicleta com um cesto cheio de flores.**

Nesta cena mais complexa, o modelo de atenção identifica com sucesso o cesto de flores, enquanto o modelo de base não detecta este pormenor. Isto mostra que a atenção melhora a capacidade do modelo para captar detalhes finos numa imagem.

Exemplo 3: Imagem orientada para a ação (Figura 11)

Figura 11:

- **Imagem: Uma criança a jogar futebol num campo.**
- **Legenda da verdade terrestre: Uma criança a jogar futebol num campo.**
- **Linha de base CNN-LSTM: Um rapaz a brincar com uma bola.**
- **CNN-LSTM com atenção: Uma criança a jogar futebol num campo.**

O modelo de base gera uma legenda bastante exacta, mas utiliza um termo vago ("rapaz a jogar com uma bola"). O modelo de atenção, no entanto, identifica que a criança está a jogar futebol num campo, tornando a descrição mais precisa e informativa.

5.2.2. Mapas de atenção

Para compreender melhor como o mecanismo de atenção melhora o desempenho, visualizamos os pesos de atenção para algumas imagens de teste. Por exemplo, ao gerar a palavra "gato" numa imagem de um gato deitado num sofá, o mapa de atenção destaca o corpo do gato. Ao gerar a palavra "sofá", o foco muda para o fundo, mostrando que o modelo ajusta dinamicamente o seu foco. Esta evidência visual apoia a afirmação de que o mecanismo de atenção permite que o modelo gere legendas contextualmente mais relevantes ao atender seletivamente a diferentes regiões da imagem.

5.3. Análise de erros

Embora os resultados demonstrem a eficácia do mecanismo de atenção, há ainda certos casos em que o modelo tem dificuldades, nomeadamente nos seguintes domínios:

5.3.1. Reconhecimento incorreto de objectos

Em alguns casos, o modelo gera legendas que descrevem objectos que não estão presentes na imagem (Figura 12). Por exemplo:

Figura 12:

- **Imagem: Uma cena de praia com chapéus-de-sol.**
- **Legenda gerada: Um grupo de pessoas a caminhar na praia.**

Embora a cena não contenha pessoas, o modelo prevê a sua presença, possivelmente devido à forte associação das praias com a atividade humana nos dados de treino. Isto indica que o modelo por vezes se baseia demasiado nos padrões do conjunto de dados em vez de na própria imagem.

5.3.2. Repetição e redundância

Em alguns casos, o modelo gera legendas com frases repetitivas ou redundantes (Figura 13):

Figura 13:

- **Imagem: Homem sentado à mesa com pratos de comida**
- **Legenda gerada: Um homem sentado numa mesa com uma mesa cheia de comida em cima da mesa.**

Este problema surge porque o LSTM por vezes não consegue aprender quando deve parar de gerar uma sequência. A atenção ajuda a mitigar este problema, mas ele ainda ocorre nalguns casos, especialmente em cenas complexas.

5.3.3. Dificuldades com conceitos abstractos

O modelo também tem dificuldade em lidar com conceitos abstractos ou menos fundamentados visualmente, como emoções ou actividades que estão implícitas em vez de serem mostradas explicitamente na imagem (Figura 14):

Figura 14:

- Imagem: Uma pessoa com um ar triste, sentada sozinha.
- Legenda gerada: Uma pessoa sentada numa cadeira.

O modelo não capta o estado emocional, uma vez que não tem a capacidade de inferir conceitos abstractos apenas a partir de pistas visuais.

5.4. Otimização de modelos

Experimentámos várias definições de hiperparâmetros para otimizar ainda mais o desempenho do modelo baseado na atenção. Estas incluíram variações na taxa de aprendizagem, no tamanho do lote e no número de camadas LSTM.

5.4.1. Taxa de aprendizagem

Experimentámos taxas de aprendizagem no intervalo de 0,001 a 0,0001. Descobrimos que uma taxa de aprendizagem de 0,0005 alcançou o melhor equilíbrio entre velocidade de convergência e estabilidade. Taxas de aprendizagem mais baixas fizeram com que o modelo convergisse mais lentamente, mas evitaram o sobreajuste, enquanto taxas de aprendizagem mais altas levaram a um treinamento mais rápido, mas menos estável.

5.4.2. Tamanho do lote

O treino do modelo com tamanhos de lote de 32, 64 e 128 produziu os seguintes resultados:

- Um tamanho de lote de 64 obteve o melhor desempenho em termos de velocidade e precisão.
- Os tamanhos de lote maiores aumentaram o consumo de memória e exigiram tempos de treino mais longos, mas não resultaram em melhorias significativas no desempenho do

modelo.

5.4.3. Número de camadas LSTM

A adição de mais camadas LSTM melhorou a capacidade do modelo para captar pendências a longo prazo, mas também aumentou o tempo de treino. Verificámos que a utilização de duas camadas LSTM proporcionava um bom compromisso entre desempenho e complexidade. Camadas adicionais não proporcionaram melhorias significativas.

5.5. Comparação com os modelos mais avançados

Para validar ainda mais o desempenho do nosso modelo, comparámo-lo com modelos recentes de última geração, tais como:

- Mostrar e contar (Vinyals et al., 2015)
- Mostrar, assistir e contar (Xu et al., 2015)
- Legendagem de imagens com base em transformadores (Li et al., 2020)

O nosso modelo CNN-LSTM com atenção supera modelos anteriores como **Show and Tell** e alcança resultados competitivos com **Show, Attend e Tell,** embora ainda fique atrás de modelos baseados em transformadores, que aproveitam arquitecturas mais poderosas.

Modelo	BLEU-4	METEOR	CIDEr
Mostrar e contar (2015)	0.301	0.245	0.850
Mostrar, assistir e contar	0.365	0.275	0.910
Transformador (2020)	0.400	0.290	1.030
CNN-LSTM + Atenção	0.372	0.278	0.921

Embora os modelos baseados em transformadores atinjam um desempenho mais elevado, o nosso modelo obtém bons resultados, mantendo uma arquitetura mais simples e menos fontes de reutilização computacional.

5.6. Conclusão dos resultados

Em resumo, os nossos resultados demonstram que a adição de um mecanismo de atenção ao modelo CNN-LSTM melhora significativamente a qualidade das legendas geradas. O modelo tem um bom desempenho em métricas padrão como BLEU, METEOR, ROUGE-L e CIDEr, e mostra uma capacidade de captar detalhes e contexto mais eficazmente do que o modelo de base CNN-LSTM. No entanto, ainda há áreas a melhorar, particularmente no tratamento de cenas complexas, evitando a redundância e reconhecendo conceitos abstractos. O trabalho futuro poderá explorar a incorporação de arquitecturas mais avançadas, como transformadores, para melhorar ainda mais a qualidade da captação.

CAPÍTULO 6

DISCUSSÃO

O desenvolvimento de um gerador de legendas que utiliza uma arquitetura **CNN-LSTM** com um mecanismo de atenção permitiu avanços significativos nas tecnologias de legendagem de imagens. Esta secção aprofunda as implicações dos resultados, reflecte sobre os desafios enfrentados durante o projeto e discute as futuras direcções da investigação neste domínio.

6.1. Percepções a partir dos resultados

Os resultados obtidos a partir das análises quantitativas e qualitativas indicam que o modelo CNN-LSTM melhorado com um mecanismo de atenção supera substancialmente o modelo CNN-LSTM de base na geração de legendas. Esta melhoria de desempenho pode ser atribuída aos seguintes factores:

1. **Compreensão contextual**: O mecanismo de atenção permite que o modelo se concentre seletivamente em diferentes regiões de uma imagem enquanto gera cada palavra de uma legenda. Esta abordagem direcionada facilita a geração de descrições mais precisas e contextualmente relevantes. Os resultados qualitativos demonstraram que o modelo de atenção identificou e descreveu com precisão os principais objectos, acções e atributos presentes nas imagens.
2. **Geração de sequências melhorada**: Ao tirar partido do mecanismo de atenção, o modelo pode gerar sequências mais longas e mais complexas. Esta capacidade é crucial para gerar legendas com significado que transmitam informações detalhadas sobre o conteúdo visual. As melhores pontuações BLEU e CIDEr reflectem esta melhoria na geração de sequências, indicando que o modelo capta mais n-gramas presentes nas legendas de referência.
3. **Adaptabilidade a cenas diversas**: O modelo baseado na atenção demonstrou uma melhor adaptabilidade a uma vasta gama de imagens, desde cenas simples com um único objeto até cenas mais complexas que envolvem múltiplas interações. Esta adaptabilidade é particularmente importante em aplicações do mundo real, onde as imagens podem variar significativamente em termos de composição e contexto.
4. **Redução das ambiguidades:** A análise qualitativa revelou que o modelo de atenção reduziu frequentemente as ambiguidades presentes nas legendas geradas. Ao concentrar-se em elementos específicos da imagem, o modelo estava mais bem equipado para transmitir significados precisos, aumentando a clareza geral das legendas produzidas.

6.2. Desafios encontrados

Apesar dos resultados promissores, surgiram vários desafios ao longo do projeto, destacando áreas que exigem mais atenção e melhorias:

1. **Limitações dos dados:** O desempenho do modelo depende em grande medida da qualidade e da diversidade do conjunto de dados de treino. Embora o conjunto de dados do

MS COCO seja abrangente, pode ainda conter enviesamentos ou lacunas na representação, particularmente no que diz respeito a certas categorias de objectos ou actividades. A tendência do modelo para gerar legendas incorrectas para objectos menos frequentes demonstra a necessidade de um conjunto de dados mais equilibrado.

2. **Sobreajuste do modelo:** Durante o treinamento, observamos sinais de sobreajuste, particularmente quando usamos um subconjunto de treinamento menor. Apesar de empregar a regularização de abandono, o modelo ocasionalmente memorizava amostras de treinamento em vez de generalizar a partir delas. Esse desafio ressalta a importância de técnicas eficazes de regularização de modelos e a necessidade de conjuntos de dados maiores.

3. **Complexidade da linguagem humana:** A geração de legendas que ressoam com a compreensão humana continua a ser um desafio formidável. Apesar de conseguir melhores métricas de desempenho, o modelo produziu ocasionalmente legendas sem fluência ou coerência. Este problema reflecte as complexidades inerentes à linguagem humana, onde existem várias descrições válidas para uma única imagem.

4. **Ambiguidade nas imagens:** As imagens contêm frequentemente conteúdos ambíguos, o que torna difícil para os modelos gerar legendas consistentes. Por exemplo, uma imagem que representa uma rua cheia de gente pode suscitar diferentes interpretações com base no contexto. Esta ambiguidade exige capacidades avançadas de raciocínio contextual que não são totalmente captadas na arquitetura atual do modelo.

5. **Restrições computacionais:** Embora o nosso modelo baseado na atenção apresente melhorias significativas, também requer mais recursos computacionais para treino e inferência em comparação com o modelo de base. Este aumento da procura pode limitar a implementação do modelo em ambientes com recursos limitados, como os dispositivos móveis.

6.3. Implicações dos resultados

Os resultados deste projeto têm várias implicações importantes para os domínios da visão computacional e do processamento de linguagem natural:

1. **Avanços na legendagem de imagens**: A implementação bem sucedida de mecanismos de atenção na arquitetura CNN-LSTM representa um passo significativo na investigação sobre legendagem de imagens. À medida que são exploradas arquitecturas mais avançadas baseadas na atenção, espera-se que a qualidade e a relevância das legendas geradas melhorem ainda mais.

2. **Aplicações no domínio da acessibilidade:** As tecnologias de legendagem de imagens melhoradas têm potencial para beneficiar várias aplicações, nomeadamente no domínio da acessibilidade para pessoas com deficiências visuais. As legendas exactas e detalhadas podem fornecer um texto valioso aos utilizadores, melhorando a sua compreensão e interação com o conteúdo visual.

3. **Integração com outros sistemas de IA:** Os resultados sugerem um potencial de integração dos sistemas de legendagem de imagens com outras aplicações de IA, como assistentes virtuais ou ferramentas de geração automática de conteúdos. Esta integração poderia melhorar as experiências dos utilizadores, proporcionando interações mais informativas e conscientes do contexto.

4. **Futuro da IA multimodal:** O projeto sublinha a importância de desenvolver sistemas de IA multimodal que possam compreender e gerar conteúdos em diferentes modalidades, incluindo imagens e texto. Esta capacidade é fundamental para o avanço de aplicações como os veículos autónomos, a robótica e a realidade aumentada.

5. **Considerações éticas:** À medida que as tecnologias de legendagem de imagens se tornam mais prevalecentes, será necessário abordar as considerações éticas relativas à parcialidade e à representação nos dados de treino. Garantir que os modelos produzem legendas justas e imparciais é essencial para promover o desenvolvimento responsável da IA.

6.4. Direcções de investigação futuras

Com base nos conhecimentos e desafios identificados durante o projeto, podem ser seguidas várias direcções de investigação futuras para melhorar ainda mais as capacidades de legendagem de imagens:

1. **Exploração de arquitecturas avançadas:** A investigação futura poderá investigar arquitecturas mais sofisticadas, como modelos baseados em transformadores, que demonstraram um sucesso notável em tarefas de processamento de linguagem natural. Estes modelos podem fornecer capacidades melhoradas para compreender relações complexas dentro das imagens e gerar legendas coerentes.
2. **Aumentar os dados de treino:** Para resolver as limitações do conjunto de dados de treino, aumentar os conjuntos de dados existentes com imagens e legendas mais diversificadas poderia melhorar o desempenho do modelo. As técnicas de geração de dados sintéticos, como a utilização de Redes Adversárias Generativas (GAN), também podem ser exploradas para criar amostras de treino mais variadas.
3. **Incorporação de conhecimentos contextuais:** A investigação pode centrar-se na incorporação de conhecimentos contextuais externos, como a compreensão de cenas ou o raciocínio de senso comum, no processo de legendagem de imagens. Ao tirar partido de fontes de conhecimento externas, os modelos podem gerar legendas mais próximas da compreensão humana.
4. **Afinação para domínios específicos:** A adaptação de modelos a domínios específicos (p. ex., imagiologia médica, fotografia da vida selvagem) pode melhorar o desempenho na geração de legendas específicas do domínio. O aperfeiçoamento dos modelos existentes em domínios especializados pode ajudar a aumentar a precisão e a relevância em contextos específicos.

5. **Abordar a questão dos preconceitos na IA:** Os esforços em curso para identificar e atenuar os preconceitos nos modelos de IA são fundamentais. A investigação futura poderá centrar-se no desenvolvimento de metodologias para avaliar e reduzir o enviesamento nos sistemas de legendagem de imagens, garantindo resultados justos e equitativos em diversas populações.
6. **Abordagens "Human-in-the-Loop":** A incorporação de feedback humano no ciclo de formação pode levar a modelos mais robustos que se alinham de perto com as expectativas dos utilizadores. Técnicas como a aprendizagem ativa, em que os utilizadores fornecem correcções ou preferências, podem orientar o aperfeiçoamento do modelo e melhorar a qualidade da captação.

6.5. Conclusão

O projeto de desenvolvimento de um gerador de legendas a partir de imagens utilizando CNN e LSTM com um mecanismo de atenção demonstrou avanços significativos no domínio da legendagem de imagens. Os resultados quantitativos e qualitativos indicam uma melhoria acentuada na qualidade das legendas, realçando a eficácia dos mecanismos de atenção na geração de legendas descritivas e conscientes do contexto. Embora subsistam vários desafios, incluindo limitações de dados e a complexidade da linguagem humana, os resultados fornecem uma base sólida para investigação futura. Ao explorar arquitecturas avançadas, incorporando conhecimentos externos e abordando considerações éticas, o domínio da legendagem de imagens pode continuar a evoluir, conduzindo, em última análise, a sistemas de IA mais inteligentes e semelhantes aos humanos, capazes de compreender e descrever conteúdos visuais. As potenciais aplicações destas tecnologias são vastas, abrindo caminho a uma maior acessibilidade, a sistemas de IA multimodais e a um desenvolvimento responsável da IA.

CAPÍTULO 7

CONCLUSÃO

Neste projeto, explorámos o desenvolvimento de um sistema de legendagem de imagens utilizando uma arquitetura **CNN-LSTM** acrescida de um mecanismo de atenção. A motivação para esta investigação resultou da procura crescente de sistemas inteligentes capazes de compreender e interpretar conteúdos visuais, uma tarefa que não só é relevante nos domínios da visão computacional e do processamento de linguagem natural, como também tem implicações significativas para a acessibilidade, a interação homem-computador e a inteligência artificial em geral.

7.1. Resumo das conclusões

O principal objetivo deste projeto era criar um modelo robusto capaz de gerar legendas precisas e significativas para uma gama diversificada de imagens. As principais conclusões desta investigação podem ser resumidas da seguinte forma:

1. **Arquitetura do modelo**: A combinação de Redes Neuronais Convolucionais (CNN) para a extração de caraterísticas e de redes de Memória de Curto Prazo Longo (LSTM) para a geração de sequências revelou-se eficaz na captura de aspectos espaciais e temporais das imagens e das respectivas legendas. A introdução de um mecanismo de atenção melhorou ainda mais o desempenho do modelo, permitindo-lhe concentrar-se em partes relevantes da imagem durante a geração da legenda.
2. **Métricas de desempenho:** A avaliação quantitativa dos modelos demonstrou melhorias significativas na qualidade das legendas quando se utilizou o mecanismo de atenção. Métricas como BLEU, METEOR, ROUGE-L e CIDEr indicaram que o modelo baseado na atenção gerou legendas que estavam mais alinhadas com as descrições geradas por humanos, melhorando assim a exatidão e a relevância gerais das legendas.
3. **Análise qualitativa:** Através de avaliações qualitativas, foi evidente que o modelo de atenção produziu legendas mais descritivas e conscientes do contexto. A capacidade do modelo para se concentrar dinamicamente em diferentes regiões de uma imagem resultou em legendas pormenorizadas que captaram elementos e relações importantes no conteúdo visual.
4. **Análise de erros:** Apesar do sucesso global do modelo, persistiram alguns desafios, particularmente no que diz respeito à ambiguidade das imagens, ao sobreajuste do modelo e ao reconhecimento incorreto de objectos. Estes desafios sublinharam as complexidades envolvidas na compreensão do conteúdo visual e na geração de descrições linguísticas coerentes.
5. **Análise comparativa:** Uma comparação com os modelos de legendagem de imagens mais avançados revelou que o nosso modelo CNN-LSTM baseado na atenção alcançou um desempenho competitivo, particularmente em relação a modelos anteriores, embora ainda enfrentasse limitações quando comparado com arquitecturas mais avançadas, como os transformadores.

7.2. Implicações da investigação

As implicações desta investigação vão para além dos resultados técnicos imediatos. O desenvolvimento de um sistema eficaz de legendagem de imagens tem aplicações potenciais em vários domínios:

1. **Melhorias de acessibilidade:** Os sistemas de legendagem de imagens podem melhorar significativamente a acessibilidade das pessoas com deficiências visuais, fornecendo-lhes informações descritivas sobre o conteúdo visual. Esta capacidade pode melhorar a sua interação com os meios digitais, contribuindo para uma sociedade mais inclusiva.
2. **Geração de conteúdos:** A legendagem automatizada de imagens pode facilitar a criação de conteúdos em vários domínios, incluindo jornalismo, marketing e redes sociais. Ao automatizar o processo de geração de legendas para imagens, as organizações podem poupar tempo e recursos, garantindo simultaneamente uma qualidade consistente.
3. **Aplicações multimodais de IA:** Os avanços na legendagem de imagens contribuem para o domínio mais vasto da IA multimodal, em que os sistemas são desenvolvidos para compreender e processar informações em diferentes modalidades. Esta capacidade é crucial para aplicações como os veículos autónomos, a robótica e a realidade aumentada.
4. **Interação Homem-Computador**: A melhoria dos sistemas de legendagem de imagens pode melhorar as interações homem-computador, fornecendo respostas contextualizadas com base em dados visuais. Isto pode levar a experiências de utilização mais intuitivas e envolventes em várias aplicações, como assistentes virtuais e ferramentas educativas interactivas.
5. **Considerações éticas:** Os resultados desta investigação também realçam a importância de abordar considerações éticas no desenvolvimento da IA. À medida que as tecnologias de captação de imagem se tornam mais prevalecentes, é essencial garantir que estes sistemas são desenvolvidos de forma responsável, com atenção a questões como a parcialidade, a equidade e a representação.

7.3. Limitações e trabalho futuro

Embora este projeto tenha atingido vários objectivos, também encontrou limitações que merecem ser aprofundadas:

1. **Limitações do conjunto de dados:** A dependência do conjunto de dados MS COCO, embora abrangente, pode introduzir enviesamentos e limitações na representação. O trabalho futuro poderá centrar-se no desenvolvimento de conjuntos de dados mais equilibrados que representem melhor diversos objectos, cenas e contextos culturais.
2. **Generalização do modelo:** O modelo atual demonstrou sinais de sobreajuste, particularmente com conjuntos de dados mais pequenos. Explorar técnicas de regularização mais avançadas, bem como abordagens de aprendizagem por transferência, poderia ajudar a melhorar as capacidades de generalização do modelo.
3. **Compreensão de cenas complexas:** O modelo teve dificuldades com cenas ambíguas e conceitos abstractos. A investigação futura poderia investigar formas de incorporar conhecimento contextual externo e capacidades de raciocínio para melhorar a compreensão do

modelo de conteúdo visual complexo.

4. **Sistemas com intervenção humana:** A incorporação de feedback humano durante o processo de treino pode ajudar a aperfeiçoar a compreensão do modelo e melhorar o seu desempenho na geração de legendas contextualmente relevantes. Os sistemas futuros poderiam beneficiar de uma abordagem "human-in-the-loop" que permita aos utilizadores fornecer correcções ou preferências.

5. **Integração com outras modalidades:** A investigação futura poderá explorar a integração de sistemas de legendagem de imagens com outras modalidades, como o áudio ou o vídeo. Esta integração pode conduzir a uma compreensão multimodal mais abrangente e melhorar as aplicações em domínios como o entretenimento, a educação e a comunicação social.

7.4. Considerações finais

O percurso de desenvolvimento de um gerador de legendas de imagens utilizando CNN e LSTM com atenção tem sido simultaneamente desafiante e gratificante. Através da exploração sistemática de arquitecturas de modelos, metodologias de treino e métricas de avaliação, esta investigação contribuiu para o diálogo em curso no domínio da legendagem de imagens.

Os avanços conseguidos neste projeto sublinham o potencial para uma maior exploração e inovação em tecnologias de IA que colmatam a lacuna entre a perceção visual e a compreensão da linguagem natural. À medida que continuamos a aperfeiçoar e a melhorar estes sistemas, é crucial mantermo-nos atentos às considerações éticas e lutar pela inclusão e equidade no desenvolvimento da IA.

Em conclusão, o trabalho aqui apresentado não só fornece uma base sólida para a investigação futura em legendagem de imagens, como também abre portas a possibilidades interessantes na integração da IA nas experiências humanas quotidianas. À medida que a tecnologia amadurece, podemos esperar um futuro em que as máquinas possam compreender e descrever o mundo que nos rodeia com maior precisão, relevância e empatia, acabando por enriquecer as interações e experiências humanas em vários domínios.

APÊNDICE

Apêndice A: Conjuntos de dados utilizados

1. Conjunto de dados MSCOCO (Microsoft Common Objects in Context)

• Descrição: O conjunto de dados MSCOCO é um conjunto de dados em grande escala que contém imagens de objectos no seu contexto natural, anotadas com legendas.
• Utilização: O conjunto de dados foi utilizado para treinar e testar o modelo de geração de legendas.

• Ligação: https://cocodataset.org/

• Citações: Lin, T. Y., Maire, M., Belongie, S., et al. (2014). Microsoft COCO: objectos comuns em contexto. Conferência Europeia sobre Visão por Computador (ECCV), 740-755.

2. Conjunto de dados do Flickr8k

• Descrição: Uma coleção de 8.000 imagens do site Flickr, com cinco legendas por imagem.
• Utilização: O conjunto de dados foi utilizado para validação e teste do modelo.

• Ligação: http://cs.stanford.edu/people/karpathy/deepimagesent/

• Citações: Hodosh, M., Young, P., & Hockenmaier, J. (2013). Enquadrando a descrição da imagem como uma tarefa de classificação: Data, Models, and Evaluation Metrics. Journal of Artificial Intelligence Research, 47, 853-899.

Apêndice B: Arquitetura do modelo

Arquitetura da rede neural convolucional (CNN)

Camadas:

1. Camada de entrada: Imagem de entrada de tamanho 224x224x3
2. Camadas convolucionais: 32 filtros de tamanho 3x3, stride 1, ativação ReLU
3. Camadas de pooling: Pooling máximo de tamanho 2x2
4. Camada totalmente conectada: Camada densa com 512 unidades, ativação ReLU
5. Camada de saída: Incorporação das caraterísticas da imagem transmitidas ao modelo de legendagem

Rede Neuronal Recorrente (RNN) com LSTM

Camadas:

1. Camada de entrada: Entrada de legendas (tokenizadas e incorporadas)
2. Camadas LSTM: Tamanho do estado oculto de 512
3. Camada densa: Camada totalmente conectada com ativação softmax para prever palavras
4. Camada de saída: Sequência de palavras previstas que formam a legenda

Apêndice C: Hiperparâmetros utilizados para o treino

CNN

- Taxa de aprendizagem: 0.001
- Tamanho do lote: 32
- Número de épocas: 20
- Optimizador: Adam

LSTM

- Comprimento da sequência: 30
- Taxa de aprendizagem: 0.001
- Taxa de abandono escolar: 0.5
- Número de épocas: 20

Apêndice D: Métricas de avaliação

1. **Pontuação BLEU (Bilingual Evaluation Understudy Score)**

- Utilizado para medir a qualidade do texto gerado por máquinas em comparação com textos de referência escritos por humanos.

- Formula: $\text{BLEU} = e(\min(1 - \frac{\text{reflen}}{\text{genlen}}, 0)) \cdot (\Pi_{n=1}^{N} P_n)$

2. **ROUGE (Recall-Oriented Understudy for Gisting Evaluation)**

- Mede a sobreposição de palavras ou sequências de palavras entre as legendas geradas e as legendas de referência.

• Utilizado para medir a recordação do texto gerado.

3. CIDEr (Avaliação da descrição de imagens baseada em consenso)

• Mede o consenso entre a legenda gerada e um conjunto de legendas escritas por humanos.

Apêndice E: Software e ferramentas

1. Python

• Versão: 3.8

• Bibliotecas: TensorFlow, Keras, NumPy, Matplotlib, NLTK

2. Bloco de notas Jupyter

• Versão: 6.0

• Utilizado para criar protótipos e efetuar experiências.

3. Suporte para GPU

• Ativado utilizando CUDA para treinar modelos de aprendizagem profunda numa GPU para um desempenho mais rápido.

Apêndice F: Glossário de termos

• **CNN (Rede Neural Convolucional):** Um tipo de modelo de aprendizagem profunda comummente utilizado em tarefas de processamento de imagem para extrair caraterísticas de dados visuais.
• **LSTM (Long Short-Term Memory):** Um tipo especial de RNN capaz de aprender dependências a longo prazo, frequentemente utilizado em tarefas de previsão de sequências como a modelação de linguagem.

• **Mapa de caraterísticas:** A saída de uma operação de convolução em CNNs, representando as caraterísticas espaciais da imagem.
• **Tokenização:** O processo de conversão de frases em palavras individuais ou tokens para preparar dados de texto para modelação.
• **Mecanismo de atenção:** Um componente dos modelos de aprendizagem profunda que permite que o modelo se concentre em partes específicas de uma imagem ou sequência ao gerar previsões.

REFERÊNCIAS

1. Vinyals, O., Toshev, A., Bengio, S., & Dean, J. (2015). Mostrar e contar: um gerador de legenda de imagem neural. Actas da Conferência do IEEE sobre Visão por Computador e Reconhecimento de Patentes (CVPR), 3156-3164. (https://doi.org/10.1109/CVPR.2015.7298932)
2. Xu, K., Ba, J., Kiros, R., Zhu, Y., Fidler, S., & Torresani, L. (2015). Mostrar, assistir e contar: geração de legendas de imagens neurais com mecanismo de atenção. Actas da 32ª Conferência Internacional sobre Aprendizagem de Máquinas (ICML), 37, 2048-2057. (http://proceedings.mlr.press/v37/xu15.html)
3. Li, X., Yin, J., Wang, X., & Li, W. (2020). Legenda de imagem com transformadores. Procedimentos da Conferência IEEE / CVF sobre Visão Computacional e Reconhecimento de Padrões (CVPR), 12495-12504. (https://doi.org/10.1109/CVPR42600.2020.01250)
4. Anderson, P., He, X., Batra, D., & Le, Q. V. (2017). Atenção de baixo para cima e de cima para baixo para legendagem de imagens e VQA. Anais da Conferência IEEE/CVF sobre Visão Computacional e Reconhecimento de Padrões (CVPR), 6077-6086. (https://doi.org/10.1109/CVPR.2018.00635)
5. Huang, P., & Wang, Z. (2018). Legendagem automática de imagens com um novo mecanismo de atenção focada. IEEE Access, 6, 46268-46279. (https://doi.org/10.1109/AC-CESS.2018.2857722)
6. Karpathy, A., & Fei-Fei, L. (2015). Alinhamentos visuais-semânticos profundos para gerar descrições de imagens. Anais da Conferência do IEEE sobre Visão Computacional e Reconhecimento de Padrões (CVPR), 3128-3137. (https://doi.org/10.1109/CVPR.2015.7298952)
7. Chen, X., & Okatani, T. (2015). Aprendizado profundo para legendagem de imagens: Uma pesquisa. IEEE Transactions on Neural Networks and Learning Systems, 28(12), 2890-2902. (https://doi.org/10.1109/TNNLS.2016.2522980)
8. Li, Y., & Li, Y. (2018). Legenda de imagem com deteção de objeto e mecanismo de atenção. Jornal de Comunicação Visual e Representação de Imagens, 54, 174-183. (https://doi.org/10.1016/j.jvcir.2018.04.004)
9. Gao, Y., & Wang, Y. (2018). Revisitando a legenda da imagem: Uma nova abordagem baseada no mecanismo de aprendizagem por reforço e atenção. Jornal de Ciência e Tecnologia da Computação, 33(5), 989-1000. (https://doi.org/10.1007/s11390-018-1923-1)
10. Liu, P., Wu, J., & Cheng, Y. (2020). Legendagem de imagens com atenção visual e aprendizagem por reforço. Pattern Recognition, 98, 107018. (https://doi.org/10.1016/j.patcog.2019.107018)
11. Devlin, J., Chang, M. W., Lee, K., & Toutanova, K. (2019). BERT: Pré-treinamento de transformadores bidirecionais profundos para compreensão da linguagem. Anais da Conferência de 2019 do Capítulo Norte-Americano da Associação de Linguística Computacional: Tecnologias da Linguagem Humana, Volume 1 (Artigos Longos e Curtos), 4171- 4186. (https://doi.org/10.18653/v1/N19-1423)
12. Ramesh, A., Pavlov, M., Goh, G., & Radford, A. (2021). DALL-E: Criando imagens a partir de texto. OpenAI. (https://openai.com/research/dall-e)
13. Lin, T. Y., Ma, S., & Hsu, S. C. (2021). Legenda de imagem: A nova fronteira da visão

computacional. Jornal de Comunicação Visual e Representação de Imagens, 76, 103007. (https://doi.org/10.1016/j.jvcir.2020.103007)
14. Chen, Y., Liu, M., & Yan, Y. (2021). Uma revisão das técnicas de legendagem de imagens. Jornal Inter- nacional de Aplicações Informáticas, 975, 1-5. (https://doi.org/10.5120/ijca2021920817)
15. Feng, Y., & Wang, J. (2022). Legenda de imagem baseada em aprendizado profundo: Uma revisão. IEEE Transactions on Image Processing, 31, 240-253. (https://doi.org/10.1109/TIP.2021.3090129)
16. Simonyan, K., & Zisserman, A. (2014). Redes convolucionais muito profundas para reconhecimento de imagens em grande escala.
17. Xu, K., Ba, J., Kiros, R., Cho, K., Courville, A., Salakhutdinov, R., & Bengio, Y. (2015). Mostrar, assistir e contar: geração de legendas de imagens neurais com atenção visual. Processos da 32ª Conferência Internacional sobre Aprendizado de Máquina (ICML), 37, 2048-2057. (https://doi.org/10.48550/arXiv.1502.03044)
18. He, K., Zhang, X., Ren, S., & Sun, J. (2016). Aprendizagem residual profunda para reconhecimento de imagens. Anais da Conferência IEEE sobre Visão Computacional e Reconhecimento de Padrões (CVPR), 770-778. (https://doi.org/10.1109/CVPR.2016.90)
19. Lin, T. Y., Maire, M., Belongie, S., Hays, J., Perona, P., Ramanan, D., & Zitnick, C. L. (2014). Microsoft COCO: Objectos comuns em contexto. Conferência Europeia sobre Visão por Computador (ECCV), 740-755. (https://doi.org/10.1007/978-3-319-10602-1_48)
20. Hochreiter, S., & Schmidhuber, J. (1997). Long Short-Term Memory. Neural Computation, 9(8), 1735-1780. (https://doi.org/10.1162/neco.1997.9.8.1735)

Printed by Books on Demand GmbH, Norderstedt / Germany